BEI GRIN MACHT SICH IHR WISSEN BEZAHLT

- Wir veröffentlichen Ihre Hausarbeit, Bachelor- und Masterarbeit

- Ihr eigenes eBook und Buch - weltweit in allen wichtigen Shops

- Verdienen Sie an jedem Verkauf

Jetzt bei www.GRIN.com hochladen und kostenlos publizieren

Manuel Rimkus

Augsburgs Flächenmanagement und Stadtmarketing

GRIN Verlag

Bibliografische Information der Deutschen Nationalbibliothek:

Die Deutsche Bibliothek verzeichnet diese Publikation in der Deutschen National-
bibliografie; detaillierte bibliografische Daten sind im Internet über http://dnb.d-
nb.de/ abrufbar.

Impressum:

Copyright © 2006 GRIN Verlag, Open Publishing GmbH
Druck und Bindung: Books on Demand GmbH, Norderstedt Germany
ISBN: 978-3-656-87040-1

Dieses Buch bei GRIN:

http://www.grin.com/de/e-book/78134/augsburgs-flaechenmanagement-und-
stadtmarketing

GRIN - Your knowledge has value

Der GRIN Verlag publiziert seit 1998 wissenschaftliche Arbeiten von Studenten, Hochschullehrern und anderen Akademikern als eBook und gedrucktes Buch. Die Verlagswebsite www.grin.com ist die ideale Plattform zur Veröffentlichung von Hausarbeiten, Abschlussarbeiten, wissenschaftlichen Aufsätzen, Dissertationen und Fachbüchern.

Besuchen Sie uns im Internet:

http://www.grin.com/

http://www.facebook.com/grincom

http://www.twitter.com/grin_com

Ludwig-Maximilians-Universität München

Exkursionsprotokoll

am Institut für Wirtschaftsgeographie

„Augsburg"

14. Juli 2006

„Augsburg - Flächenmanagement und Stadtmarketing"

Manuel Rimkus

Studiengang BWL

7. Semester

Abgabetermin: 08. September 2006

Inhaltsverzeichnis

Abbildungsverzeichnis

1.   Zielsetzungen und Verlauf der Exkursion

Am Freitag den 14.07.06 fand die Exkursion „Augsburg" unter der Leitung von Herrn Dr. P. vom Institut für Wirtschaftsgeographie der LMU München statt. Zielsetzungen der Lehrveranstaltung waren die Analyse der wirtschaftlichen Umstrukturierung altindustrieller Flächen am Beispiel der Stadt Augsburg sowie ihr Stadtmarketing für den Städtetourismus.

Die Exkursionsfahrt führte von München über die A-8 zum 15 km östlich von Augsburg gelegenen Verkehrsknotenpunkt Dasing, unserem ersten Halt, einer Gewerbeansiedlung mit Einkaufs- und Vergnügungszentrum, weiter über die Orte Friedberg, einem Wohnvorort von Augsburg und dem Subzentrum Lechhausen mit Cityfunktion[1], hin zum nord-östlich gelegenen Industrie- und Gewerbegebiet von Augsburg. Durch das Stadtzentrum mit Sehenswürdigkeiten, wie das Mozarthaus oder der Augsburger Dom, gelangten wir zum zweiten Halt der Exkursion, dem südöstlich gelegenen Kerngebiet der ehemaligen Textilindustrie der Stadt. Für die deskriptive Analyse der Umstrukturierung altindustrieller Flächen wurden zu Fuß das frühere Arbeiterviertel in der Proviantbachstraße, die Gleisanlagen der „Augsburger Localbahn", das Kanalsystem und der Glaspalast, ein fünfgeschossiger Spinnereihochbau der damaligen Mechanischen Baumwollspinnerei und Weberei Augsburg (SWA) an der Otto-Lindenmeyer-Straße[2] erkundet sowie wichtige Aspekte zu Flächenrecycling und Flächenumnutzung von altindustriellen Gebieten am Beispiel von Augsburg vertieft.

Für die Untersuchung des Stadtmarketings für den Städtetourismus wurde die Exkursion in der zweiten Tageshälfte im Stadtzentrum fortgeführt. Ausgehend von der Maximilianstraße, der sog. Kaisermeile zwischen Rathaus und Ulrichskirche[3], konnten die wichtigsten touristischen Sehenswürdigkeiten der Oberstadt wie die barocken Häuserfassaden, der Prachtbrunnen, das Rathaus im Renaissancestil, der Perlachturm, die Fuggerhäuser, das Stadtpalais mit Damenhof oder die katholische Basilika St. Ulrich und die evangelische Ulrichskirche besichtigt werden. Daneben vermittelt die Unterstadt mit ihrem ehemaligen Handwerks-viertel einen Eindruck von den gewachsenen Stadtstrukturen und umfasst zu-gleich touristische Attraktionen,

---

[1] Im Gegensatz zur Theorie der zentralen Orte von Walter Christaller (1933) werden hier aufgrund moderner Verkehrsanbindungen und veränderter Einkaufsgewohnheiten Funktionen aus dem Stadtzentrum an den Stadtrand verlegt, vgl. Schätzl, L. (Wirtschaftsgeographie 2003), S.72ff; Bathelt/Glückler (Wirtschaftsgeographie 2003), S.109ff.
[2] Vgl. Kluger, M. (Augsburg Stadtführer 2005), S.108.
[3] Vgl. Kluger, M. (Augsburg Stadtführer 2005), S.22.

wie das Geburtshaus des Malers Hans Holbein oder des Schriftstellers Bert Brecht. Im Innenhof des Brunnenmeisterhauses am roten Tor hielt Herr Dr. P. einen Vortrag über die Bemühungen der Regio Augsburg Tourismus GmbH bei der überregionalen Vermarktung der Stadt. Der dritte Halt galt der Fuggerei, der ältesten Sozialsiedelung der Welt[4], bevor die Rückfahrt über das im Süden gelegene Universitätsviertel mit dem angrenzenden Siemens Techno Park und dem süd-westlich gelegenen ehemaligen amerikanischen Militärstützpunkt angetreten wurde.

2. Geschichtliche Hintergründe der Stadt Augsburg

Die Reflexion der geschichtlichen Hintergründe der Stadt Augsburg soll als Grundlage für beide Untersuchungsgegenstände dienen. Augsburg liegt auf einer Hochterrasse zwischen dem östlich verlaufenden Alpenfluss Lech und der westlich fließenden Wertach (siehe Abb. A1).[5] Die Stadt weist eine lange Siedlungskontinuität auf, deren Beginn auf das Gründungsjahr 15 v. Chr. als ein römisches Militärlager namens „Augusta Vindelicorum", benannt nach dem römischen Kaiser Augustus, zurückgeht (siehe Abb. A2).[6] Als wichtiger Verkehrsknotenpunkt der Via Claudia entwickelte sich die Stadt bis zum Mittelalter zu einem bedeutenden Handelszentrum und einer Handwerksstadt. Mit der einsetzenden Völkerwanderung verdrängten die germanischen Alamannen ca. 400 n. Chr. die Römer und siedelten im Augsburger Raum. Das bereits 304 n. Chr. mit dem Märtyrertod der heiligen Afra aufkommende Christentum setzte sich unter den heidnischen Religionen immer stärker durch, was die Grundlage für das religiöse Zentrum Augsburg bildete.[7] Im Jahre 1156 erhielt Augsburg durch Kaiser Friedrich Barbarossa das erste Stadtrecht und stieg in den Folgejahren zur freien Reichsstadt und zum Ort der Reichstage auf. Bis 1514 entwickelte sich die Stadt unter dem Einfluss der Handelsfamilien Fugger und Welser zu einem überregional einflussreichen Finanzzentrum.[8] Mit Luthers Kirchenreformation und der Glaubensspaltung zwischen Katholiken und Reformationsanhängern beschäftigte sich auch Kaiser Karl V. am Augsburger Reichstag 1530 in der lutherisch geprägten Confessio Augustana, dem grundlegenden Glaubensbekenntnis der protestantischen Reichsstände. Der

---

[4] Vgl. Kluger, M. (Augsburg Stadtführer 2005), S.64.
[5] Vgl. Zorn, W. (Augsburg 2001), S.14.
[6] Vgl. Augsburg Stadt (Geschichte 2006).
[7] Vgl. Zorn, W. (Augsburg 2001), S.67ff.
[8] Vgl. Augsburg Stadt (Geschichte 2006).

Augsburger Religionsfrieden von 1555 sicherte das Nebeneinanderbestehen beider Religionen und bildet die Bekenntnisgrundlage der evangelischen Kirche bis heute.[9] Die Spätblüte der Stadt mit ihrem Gold- und Schmiedehandwerk sowie ihrer barocken Baukunst, fand ihren Niedergang mit dem Ausbruch des 30-jährigen Krieges von 1618 bis 1648, der zugleich ein Religionskrieg zwischen der Katholischen Liga und Protestantischen Union in Europa war. Dem Ende von Krieg und Unterdrückung Andersgläubiger mit dem Westfälischen Frieden von 1648 ist das erste Augsburger Friedensfest aus dem Jahre 1650 gewidmet, das seit 1950 zum gesetzlichen Feiertag der Stadt Augsburg erklärt wurde.[10] Die Kriegswirren des 18. Jahrhunderts führten zum Ende des Heiligen Römischen Reiches Deutscher Nation und zur Mediatisierung Augsburgs von Bayern im September 1806 durch Kaiser Napoleon I. sowie zum Verlust der Augsburger Reichsfreiheit.[11]

Durch die aufkommende Industrialisierung Mitte des 19. Jahrhunderts entwickelte sich Augsburg wieder zu einem wichtigen Industriestandort für die Textilindustrie, z.B. durch die Entstehung der SWA, den Maschinenbau mit der Maschinenfabrik Augsburg-Nürnberg (M.A.N.) oder für die Papierindustrie. Bis zum 2. Weltkrieg siedelte sich neben den Bayerischen Flugzeugwerken Augsburg auch die Messerschmitt-Flugzeug-Gesellschaft an. Nach der Zerstörung der Stadt bis zum Kriegsende 1945 folgte der Wiederaufbau und ein beschleunigtes wirtschaftliches Wachstum, woran wiederum die Textil- und Bekleidungsindustrie mit dem Dierig-Konzern, die Metallverarbeitung und der Maschinenbau mit der M.A.N., die Luftfahrtindustrie mit der Messerschmitt-Bölkow-Blohm GmbH sowie die Elektronikindustrie mit einem Zweigwerk des Siemenskonzerns partizipierten.[12]

Durch die Globalisierung und zunehmenden Wettbewerbsdruck durch Lohnkonkurrenz aus Niedriglohnländern begann Anfang der 70er Jahre eine Veränderung der wirtschaftlichen Struktur der Stadt. So ist der Anteil der Textilbeschäftigten an den Industriebeschäftigten von ca. 25% Anfang der 80er Jahre auf heute nur mehr 4,6% zurückgegangen. Der wichtigste Arbeitgeber ist aktuell der Maschinen- und Anlagenbau mit 57% oder 17.500 Beschäftigten und seine Weiterentwicklung mit Hilfe der Elektronikindustrie zum Hochtechnologiebereich Mechatronik, der vom Bayerischen Kompetenzzentrum für Mechatronik (BKM)

---

[9] Zorn, W. (Augsburg 2001), S.237ff.
[10] Wikipedia Enzyklopädie (Dreißigjähriger Krieg 2006).
[11] Zorn, W. (Augsburg 2001), S.318f.
[12] Zorn, W. (Augsburg 2001), S.372.

unterstützt wird. Neue Industriezweige entstanden beispielsweise mit der Datentechnik, die etwa 8.000 Arbeitnehmer beschäftigt oder der Umwelttechnologie.[13] Daneben gibt es weiterhin Unternehmen aus Luft- und Raumfahrt, Papierherstellung, Verlagswesen oder Glasverarbeitung (siehe Abb. A3).[14] Heute ist die Regio Augsburg als Teil der „Greater Munich Area" mit über 600.000 Einwohnern und 210.000 sozial-versicherungspflichtigen Beschäftigten der dritt-größte Ballungsraum in Bayern (siehe Abb. A4).[15]

3. Wirtschaftliche Umstrukturierung und Flächenmanagement

Aufgrund der veränderten Wettbewerbsbedingungen mussten sich auch die wirtschaftlichen Strukturen von Augsburg anpassen. Der massive Stellenabbau in arbeitsintensiven Industriebereichen, wie der Textilindustrie oder dem klassischen Anlagenbau, machte eine Neupositionierung der Wirtschaftsbereiche notwendig. Mit Hilfe von staatlichen Unterstützungen wurden daher Arbeitsplätze im Hochtechnologie- und Dienstleistungsbereich, wie Tourismus oder Wissenschaft und Forschung, geschaffen. Ein weiteres Zeichen der Globalisierung ist die stärkere Regionalisierung und Anbindung der Regio Augsburg an München oder die Entwicklung von Clusterstrukturen, wie das Umweltkompetenzzentrum oder das bayerische Kompetenznetzwerk für Mechatronik. Damit entstanden andere Flächennutzungsmöglichkeiten sowie neue Wohn- und Gewerbeansiedlungen. Diese Entwicklung lässt sich beispielsweise in Lechhausen durch den hohen Flächenbedarf von Einzelhandelsunternehmen[16] beobachten oder bei der Erweiterung der Wertschöpfungskette im produzierenden Gewerbe, wie bei der KUKA GmbH, die sich von der Herstellung einfacher Schweißmaschinen und Kleingeräte hin zur Fertigung komplexer Industrieroboter und Steuerungselemente entwickelte.[17] Augsburg verzeichnet mit einem niedrigen Miet- und Grundstückspreisgefüge und der günstigen geographischen Lage als Teil der „Greater Munich Area" sowie schnellen Verkehrsanbindungen an den Großraum München einen Auspendlerüberschuss. Aufgrund umfangreicher Konversionsflächen, beispielsweise durch die zivile Nutzung des ehemaligen amerikanischen Militärgeländes mit den

---

[13] Vgl. Kompetenznetze (Region Augsburg 2006).
[14] Vgl. Kompetenznetze (Region Augsburg 2006).
[15] Vgl. Hartung, R. (Standortqualitäten 2004), S.12f.
[16] Vgl. Jenne, A. (Innerstädtischer Einzelhandel 2005), S.55f.
[17] Vgl. KUKA GmbH (Leistungsspektrum 2006).

Kasernen Sheridan und Reese, verfügt Augsburg über hohe Baulandreserven, was das Preisgefüge auch in Zukunft auf einem niedrigen Niveau halten wird.[18] Damit spielt die Bau- und Immobilienwirtschaft als Wirtschaftsfaktor eine wichtige Rolle. Zudem profitiert Augsburg durch die Verflechtungsbeziehung mit München bei der Vergabe von Messethemen sowie der staatlichen Förderpolitik der Clusterstrukturen. Die räumliche Nähe zu München kann jedoch durch die zentripetalen Kräfte von Metropolen[19] ebenfalls die Verlagerung von hochwertigen Arbeitsplätzen verursachen, wie dies bei der M.A.N. geschehen ist und somit den Standort Augsburg schwächen.

Der Strukturwandel der letzten Jahrzehnte hat insbesondere der Textilindustrie, den Webereien, Spinnereien und Textilausrüstern sowie der Wertschöpfungskette vor- und nachgelagerter Unternehmen nachhaltig geschadet.[20] Bereits Anfang des 18. Jahrhunderts wurde von Johann Heinrich Schüle die „Schülesche Kattunfabrik" errichtet und nach Erweiterung der Industrieflächen durch den Abbau der Stadtbefestigung siedelten sich zahlreiche weitere Textilunternehmen, wie die SWA, die Augsburger Kammgarn-Spinnerei (AKS) oder die Neue Augsburger Kattun (NAK) vor Ort an. Heute stehen die Reste des Textilviertels unter Denkmalschutz und die ehemaligen Arbeiterwohnsiedlungen in Fabriknähe werden als Sozialwohnungen genutzt. Im Gegensatz dazu beobachtet man für die historischen Handwerkerhäuser in der Unterstadt von Augsburg dank aufwendiger Sanierungsmaßnahmen, z.B. durch Objektsanierung und der Erhaltung der ursprünglichen Bausubstanz oder durch die weniger kostenintensive Flächensanierung und den damit verbundenen Nachbau des historischen Gebäudes, einen Rückzug wohlhabender Bürger. Als schwierig gestaltet sich bei der Vermarktung dieser Objekte das mangelnde Flächenangebot an Parkmöglichkeiten. Das Flächenrecycling und die Nutzung von Altindustrieflächen wiederum stellt die Regionalpolitik vor weitere Probleme, auf die sie bis jetzt noch keine adäquate Antwort gefunden hat. Mit dem Niedergang der Textilindustrie standen einzelne Parzellen zur Verfügung über deren Nutzung unterschiedliche Interessenslagen der Eigentümer bis heute existieren. Auch die Infrastruktur genügt nicht mehr den Ansprüchen einer modernen Logistik für den An- und Abtransport mittels LKW. Zusätzlich machen Altlasten, wie die Verseuchung der

---

[18] HVB Expertise (Augsburg 2005), S.4f.
[19] Für eine Überblick zum Thema „Städte und Regionen im Wettbewerb", vgl. Haas/Neumair (Internationale Wirtschaft 2006), S.397ff.
[20] Vgl. Haas/Zademach (Textilgewerbe 2005), S.31f.

Böden durch Chemikalien eine Neunutzung der Flächen aufgrund rechtlicher Umweltschutzbestimmungen schwierig. Die Kosten der Entsorgung werden bislang für die Firmen nicht durch die günstigen Grundstückspreise und staatlichen Wirtschaftsförderungen kompensiert. Auch die Konkurrenz zwischen Stadt- und Randgebieten sowie die räumliche Nähe zu München lassen die Nachfrage nach altindustriellen Flächen weiterhin schwach ausfallen. Allgemeine wirtschaftliche Probleme, wie beispielsweise der Konkurs der Walter Bau AG und der damit verbundene Baustopp von Wohnanlagen im Textilviertel, verringern zusätzlich die potentielle Nachfrage nach altindustriellen Flächen.

Falls eine Neunutzung, wie z.B. das 1970 entstandene Universitätsgelände auf dem Grund der ehemaligen Messerschmitt-Flugzeug-Gesellschaft, aus ökonomischem Ermessen oder Gründen des Denkmalschutzes jedoch nicht möglich ist, bestehen dennoch Chancen im historischen Wert für die touristische Vermarktung. So wurde bereits der Glaspalast für Besucher mit Interesse an der Geschichte der Industrialisierung als Museum umgebaut. Damit spielt für die wirtschaftliche Umstrukturierung der tertiäre Sektor, mit Aktivitäten des Stadtmarketings für den Städtetourismus, eine bedeutende Rolle.

4.   Stadtmarketing und Städtetourismus

In Zeiten der Globalisierung und veränderten Kundenbedürfnissen bedarf es für ein erfolgreiches Freizeit- und Tourismusgeschäft „...neben einer Neuorientierung der Tourismusorganisationen, dem Einsatz moderner Technologien sowie einem Qualitätsmanagement auch die konsequente Anwendung eines effizienten Marketing."[21] Dieser Forderung versucht die Regio Augsburg Tourismus GmbH bei der Profilierung von Augsburg für den Städtetourismus nachzukommen.[22] Dabei bietet die über 2000-jährige Siedlungsgeschichte der Stadt eine Vielzahl von Vermarktungsmöglichkeiten. Touristen können trotz Überbauungen aufgrund der langen Siedlungskontinuität durch Ausgrabungsstätten und Museen einen Blick zurück in die Römerzeit und das frühe Mittelalter werfen. Das heutige Stadtbild jedoch wird insbesondere von den Bauwerken des Renaissancebaumeisters Elias Holl (1573-1646) geprägt.[23] So entstanden unter seiner Leitung das Rathaus, der

---

[21] Haas, H.-D. (Freizeit- und Tourismusmarketing 1998), S.1576.
[22] Vgl. Beck, G. (Stadttourismus 2004), S.8ff.
[23] Vgl. Internationale Architektur-Datenbank (Elias Holl 2006).

Perlachturm, das Zeughaus oder der Herkulesbrunnen. Weitere Prachtbauten der Oberstadt, wie die Fuggerhäuser oder das Stadtpalais mit Damenhof entlang der Maximilianstraße ließ Jakob Fugger der Reiche (1459-1525) als Zeichen seines weltweiten Handels- und Finanzimperiums errichten. Mit der Fuggerei, einer Armensiedlung in der Unterstadt, entstand ein weiteres Wahrzeichen von Augsburg, das bis heute im Sinne der Stiftung Jakob Fuggers fortgeführt wird. Die noch erhaltenen Handwerkshäuser des Viertels zeugen von der einstigen Bedeutung des verarbeitenden Gewerbes, wie dem Gold- und Silberschmiedehandwerk oder der reichen Industriegeschichte der Textilbranche. Die Vermarktung von Augsburg als Fugger-Stadt ist jedoch aufgrund der heute geringen überregionalen Bekanntheit des Handelshauses schwierig. Neben der städtischen Architektur ist Augsburg durch seine Religionsgeschichte und die historischen Ereignisse der Confessio Augustana (1530), des Augsburger Religionsfriedens (1555) oder des ersten Friedensfestes (1650) bei Gläubigen der jüdisch-christlichen Konfessionen weltweit bekannt.

Im Hinblick auf das Mozartjahr 2006 zu Ehren Wolfgang Amadeus Mozarts 250. Geburtstags, wird insbesondere auf die Geburtsgeschichte seines Vaters Leopold Mozart von 1719 in Augsburg und die Stadtbesuche des berühmten Sohnes verwiesen. Touristisches Potential soll daher durch Besichtigungen des Mozarthauses, kulturelle Themenabende oder Mozartkonzerte erschlossen werden. Dabei gilt aber für eine Positionierung von Augsburg als Mozart-Stadt, dass durch die Konkurrenz mit Standorten wie Wien oder Salzburg, die das Schaffen von Wolfgang Amadeus Mozart prägten, kein Alleinstellungsmerkmal erzielt werden kann. Die gleiche Situation ergibt sich bei der Vermarktung von Augsburg als Wittelsbacher Land und Sisi-Stadt, mit dem sog. Sisi-Schloss indem sich die berühmte Kaiserin Elisabeth von Österreich als Kind aufgehalten haben soll. Zu den berühmten Vertretern der Stadt gehören auch der Maler Hans Holbein der Jüngere (1497-1543), dessen Geburtshaus ebenso im Lechviertel liegt wie das des Schriftstellers Bert Brecht (1898-1956), der mit Werken wie die „Dreigroschenoper" oder „Mutter Courage und ihre Kinder" weltbekannt geworden ist. Als eine schillernde Figur im West-Ost-Konflikt nach dem 2. Weltkrieg und aufgrund seiner kommunistischen Vergangenheit bleibt der Schriftsteller für die Profilierung als Brecht-Stadt nicht unumstritten.[24]

---

[24] Vgl. Exil-Archiv (Bertold Brecht 2006).

Neben dem historischen Stadtbild und der Kulturgeschichte kann sich Augsburg auch als Innovator von technischen Erfindungen, wie dem ersten Dieselmotor von 1893 positionieren. Als Diesel-Stadt wird jedoch für den Stadttourismus nur ein schmales Kundensegment an technikversierten Besuchern angesprochen. Nicht zu vernachlässigen ist im wirtschaftlichen Bereich der Geschäftsreiseverkehr und das Messewesen, um weitere potentielle Nachfrage für den Standort Augsburg zu generieren. Darüber hinaus versucht die Regio Augsburg Tourismus GmbH die Stadt und den Landkreis Augsburg als Naherholungsraum mit dem Naturpark Westliche Wälder stärker zu vermarkten und Aktivitäten wie Familienbesuche im Legoland oder der Augsburger Puppenkiste sowie Sportarten, z.B. Inline-Skater Touren, anzubieten.[25] Auch die Nähe zu München bietet die Möglichkeit von positiven Ausstrahlungseffekten der Landeshauptstadt zu profitieren und Touristen vom Besuch beider Städte zu überzeugen. Weitere Spillovereffekte versucht Augsburg durch Städtekooperationen und seiner geographischen Lage als Mittelpunkt der Romantischen Straße zwischen Würzburg am Main und den Königsschlössern bei Füssen zu nutzen. Insbesondere für ausländische Besucher aus den USA und Japan sind Rothenburg und Neuschwanstein Synonyme für den Städtetourismus.[26] Mit Marketingmaßnahmen wie der Bewerbung zur Kulturhauptstadt Europas kann zusätzlich Aufmerksamkeit erregt werden und der Bekanntheitsgrad der Stadt gesteigert werden.

Obwohl Augsburg über kein Alleinstellungsmerkmal (unique selling position) verfügt, konnte seit Gründung der Regio Augsburg Tourismus GmbH und der Anwendung eines effizienten Marketings von 1996 bis 2005 ein Übernachtungsplus von 9,1% und ein Plus bei den Gästeankünften von 18,4% verzeichnet werden.[27] Dies stellt somit ein Indiz für ein erfolgreiches Stadtmarketing (return on marketing) für den Städtetourismus dar.[28]

---

[25] Vgl. Beck, G. (Stadttourismus 2004), S.9.
[26] Vgl. Kluger, M. (Augsburg Stadtführer 2005), S.152.
[27] Vgl. Augsburg Stadt (Tourismus 2006).
[28] Vgl. Decker/Bornemeyer (Erfolgskontrolle im Stadtmarketing 2002), S.102f.

5. Fazit

Wie die geschichtlichen Erfahrungen am Beispiel von Augsburg zeigen, wechseln sich Phasen der soziokulturellen und wirtschaftlichen Blütezeit mit Zeiten eines grundlegenden ökonomischen Umbruchs der Standortstrukturen ab. Einerseits profitiert die zweitälteste Stadt Deutschlands von ihrem historischen Erbe sowohl bei der touristischen Vermarktung und dem Ausbau des tertiären Sektors, als auch bei der Etablierung neu gewachsener Wirtschaftszweige wie der Mechatronik oder Umwelttechnologie. Andererseits ist Augsburg als Schwerpunktregion der Textilindustrie in besonderem Maße von der Globalisierung und dem Stellenabbau in Folge der Konkurrenz aus Niedriglohnländern betroffen. In der Frage, wie mit den Altlasten durch die Entindustrialisierung und dem damit verbundenen Flächenrecycling und der Flächenneunutzung umgegangen werden soll, hat die Regionalpolitik bis heute kein klares Konzept entwickelt.

Die Industrie- und Handelskammer fordert daher eine Stärkung des Wirtschaftsraums Augsburg durch eine Förderung innovativer Forschungseinrichtungen im Rahmen einer Qualifizierungsoffensive von Arbeitskräften, den Abbau von Defiziten bei der Verkehrsinfrastruktur, ein professionelles Standortmarketing und die Erhöhung der touristischen Qualität, um weitere Kaufkraft in die Region zu holen.[29] Insbesondere der letzte Punkt wird für die Attraktivität von Augsburg im Wettbewerb beim Städtetourismus entscheidend sein und muss daher durch ein effizientes Marketing von Tourismusorganisationen wie der Regio Augsburg Tourismus GmbH unterstützt werden.

---

[29] Vgl. Nuber, M. (Wirtschaftsraum Augsburg 2002), S.15f.

Quellenverzeichnis

Augsburg Stadt (Geschichte 2006): Geschichte,
http://www.2augsburg.de/index.php?id=921, 20.08.2006.

Augsburg Stadt (Arbeitsmarkt 2006): Arbeitsmarkt und Wirtschaft,
http://www.2augsburg.de/
index.php?id=2695, 20.08.2006.

Augsburg Stadt (Tourismus 2006): Freizeit, Tourismus und Sport,
http://www2.augsburg.de/
index.php?id=2698, 20.08.2006.

Bathelt, Harald; Glückler, Johannes (Wirtschaftsgeographie 2003):
Wirtschaftsgeographie, Ökonomische Beziehungen in räumlicher Perspektive,
2.Aufl., Stuttgart 2003.

Beck, Götz (Stadttourismus 2004): Augsburg und sein Umland, Stadttourismus in
neuer Dimension, in: Bayerisch-Schwäbische Wirtschaft, Nr.10, Augsburg 2004.

Decker, Reinhold; Bornemeyer, Claudia (Erfolgsfaktoren im Stadtmarketing 2002):
Erfolgsfaktoren im Stadtmarketing, in: bundesvereinigung city- und stadtmarketing
deutschland e.v., München 2002, S.99-110.

Exil-Archiv (Bertold Brecht 2006): Bertold Brecht, Schriftsteller, http://www.exil-
archiv.de/html/
biographien/brecht.htm, 20.08.2006.

Hartung, Ralf (Standortqualitäten 2004): Raum Augsburg, Standortqualitäten im
Auge behalten, in: Bayerisch-Schwäbische Wirtschaft, Nr.5, Augsburg 2004.

Haas, Hans-Dieter (Freizeit- und Tourismusmarketing 1998): Freizeit- und Tourismusmarketing, in: Handbuch Dienstleistungs-Marketing, hrsg. v. Anton Meyer, Bd.2, Stuttgart 1998, S.1575-1592.

Haas, Hans-Dieter; Neumair, Simon-Martin (Internationale Wirtschaft 2006): Internationale Wirtschaft, Rahmenbedingungen, Akteure, räumliche Prozesse, München 2006.

Haas, Hans-Dieter; Zademach, Hans-Martin (Textilgewerbe 2005): Internationalisierung im Textil- und Bekleidungsgewerbe, in: Geographische Rundschau, Nr.57, Heft 2, Februar 2005.

HVB Expertise (Augsburg 2005): Immobilienmarktübersicht, Augsburg Stadt und Umland, München 7/2005.

Internationale Architektur-Datenbank (Elias Holl 2006): Elias Holl, http://deu.archinform.net/ arch/2655.htm?ID=9b00b14e1835ca43b8fd1bae467949f4, 20.08.2006.

Jenne, Arnd (Innerstädtischer Einzelhandel 2005): Strategisches Controlling im Stadtmarketing für den innerstädtischen Einzelhandel in Klein- und Mittelstädten, Münster 2005.

Kluger, Martin (Augsburg Stadtführer 2005): Augsburg, der offizielle Stadtführer der Regio Augsburg, 3.Aufl., Augsburg 2005.

Kompetenznetzwerke (Region Augsburg 2006): Innovationsregionen, Region Augsburg, http://www.kompetenznetze.de/navi/de/Innovationsregionen/augsburg.html, 20.08.2006.

KUKA GmbH (Leistungsspektrum 2006): KUKA-Leistungsspektrum, http://www.kuka.de/kuka_sa/ index.php?init=0&id=1&lang=deutsch&intern=0, 20.08.2006.

Nuber, Michael (Wirtschaftsraum Augsburg 2002): Chancen für den Wirtschaftsraum Augsburg, in: Bayerisch-Schwäbische Wirtschaft, Nr.6, Augsburg 2004.

Schätzl, Ludwig (Wirtschaftsgeographie 2003): Wirtschaftsgeographie 1, Theorie, 9.Aufl., Paderborn 2003.

Wikipedia Enzyklopädie (Dreißigjähriger Krieg 2006): Artikel zum dreißigjährigen Krieg, http://de.wikipedia.org/wiki/30-j%C3%A4hriger_Krieg, 20.08.2006.

Zorn, Wolfgang (Augsburg 2001): Augsburg, Geschichte einer europäischen Stadt, Von den Anfängen bis zur Gegenwart, 4.Aufl., Augsburg 2001.

Anhang

Abb. 1: Die Augsburger Landschaft (Stadtbebauung 1955)

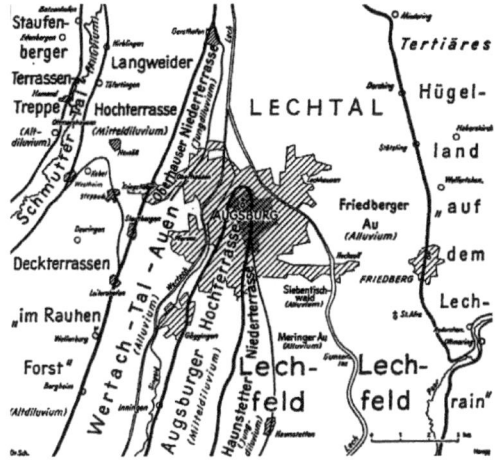

Quelle: Zorn, W. (Augsburg 2001), S.15.

Abb. 2: Augsburg zur Römerzeit (2. bis 4. Jahrhundert)

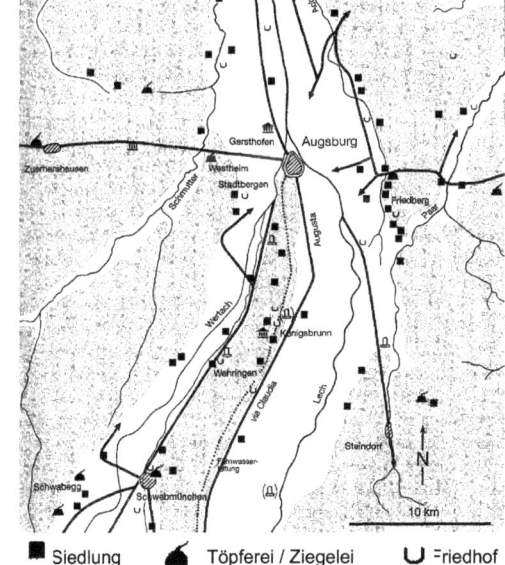

■ Siedlung ▲ Töpferei / Ziegelei ∪ Friedhof

Quelle: Zorn, W. (Augsburg 2001), S.33.

Abb. 3: Bedeutende Arbeitgeber in Augsburg (2006)

Datentechnik:
Fujitsu Siemens Computer GmbH (Personalcomputer)
Beta Systems Software AG (Dokumentenmanagement)
BÖWE Systec AG (Papier-Management-Systeme)
BMK professional electronics GmbH (Leiterplattenbestückung)
OFS BrightWave Deutschland GmbH (Kabel)
PLG AG (IT-Dienstleistungen)
NCR GmbH (Hardware, Software)

Maschinenbau/ Mechatronik:
KUKA Schweißanlagen GmbH
KUKA Roboter GmbH (Industrieroboter)
MDE Dezentrale Energiesysteme GmbH
MAN B&W Diesel AG
MAN Roland Druckmaschinen AG
Renk AG (Getriebe)
WashTec AG (Autowaschtechnik)
ArvinMeritor (Systemlieferant für Abgasanlagen-Katalysatoren)

Luft- und Raumfahrt:
EADS Deutschland GmbH (Airbus, Eurofighter)
MT Aerospace AG (Raumfahrt: Ariane, Airbuskomponenten)

Weitere Großbetriebe anderer Branchen:
UPM-Kymmene Papier GmbH & Co. KG (Papierherstellung)
Osram GmbH (Glasverarbeitung)
Verlagsgruppe Weltbild, Mediengruppe Pressedruck (Verlagswesen)
Freudenberg Haushaltsprodukte KG (Textil)
betapharm Arzneimittel GmbH (Arzneimittel)
Dr. Grandel GmbH (Kosmetik)
PCI Augsburg GmbH (Chemie)

Quelle: Augsburg Stadt (Arbeitsmarkt 2006).

Abb. 4: Augsburg mit Randgebieten (2000)

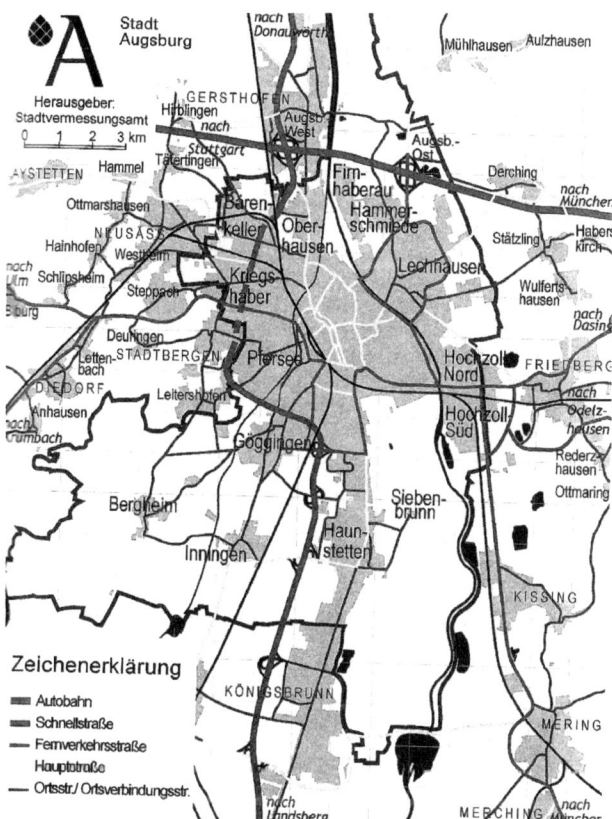

Quelle: Zorn, W. (Augsburg 2001), S.385.